AF296813

MANUEL

DU SYSTÈME MÉTRIQUE,

ou

SYSTÈME LÉGAL

DES POIDS ET MESURES,

Précédé de la loi du 4 Juillet 1837, et suivi de tables de conversions des mesures anciennes en mesures nouvelles correspondantes, et spécialement des mesures anciennes du Département du Pas-de-Calais,

À L'USAGE DES ÉCOLES, DU COMMERCE ET DE L'INDUSTRIE.

Par J.-B. COCQUEMPOT, Instituteur.

SAINT-OMER,

IMPRIMERIE DE LEMAIRE, LITTE-RUE, N.° 27.

1839.

Autres Ouvrages

De M. Cocquempot, aîné.

Éléments de la grammaire française, de Lhomond, avec des exercices sur chaque règle ; nouvelle édition, in-12 cartonné, 1 fr. 30 c. ; les exercices seuls cart., 1 fr.

Le corrigé de ces exercices, suivi d'un programme de questions combinées avec les exercices pratiques ; cart., 1 fr. 50 c., net 1 fr. 25.

Nouveaux thèmes français gradués, ou exercices de lexicologie, de syntaxe, d'orthographe et d'analyse, à l'usage des collèges, des pensionnats et des écoles primaires supérieures, 2.me édition, in-12 cart., 1 fr. 50 c., net 1 fr. 25.

Le corrigé de ces thêmes, cart., 2 f.

Cacologie, ou recueil des locutions vicieuses les plus répandues, à l'usage des écoles primaires élémentaires, broché, 25 centimes.

Tableau analytique de la classification des animaux, ou zoologie descriptive, 40 centimes.

Tableau synoptique de la Géographie de la France, quatre feuilles en un tableau, ouvrage utile à la bureaucratie et aux écoles, par A. Cocquempot, instituteur.

Exercices gradués de calcul, adaptés à la petite arithmétique de M. H. Vernier, 30 centimes broché. M. Vanhende, maître de langues et de mathématiques, est co-auteur de ce dernier ouvrage.

Ces ouvrages se trouvent :

A Paris, chez DELALAIN et compagnie, libraires, rue des Mathurins-St.-Jacques, 5, près de la Sorbonne, et chez les principaux libraires des départements.

PRÉFACE.

Obligé, par état, à nous occuper journellement
de système métrique, ainsi que des rapports
approximatifs entre les diverses parties de ce système et les anciens poids et mesures, nous avons
lu avec soin presque touts les ouvrages qu'on a
publiés sur cette matière, et par ces lectures
nous avons été à même de nous apercevoir que
les tables de réductions qui s'y trouvent, sont loin
de satisfaire à touts les besoins, ne s'appliquant,
pour la plupart, qu'aux poids et mesures en
usage dans la capitale.

Le plus complet de ces ouvrages est, à notre
avis, le *Régulateur Universel* (1) qui pourtant laisse
encore à désirer, tant est grande la diversité
des anciens poids et mesures. Le *Régulateur
Universel*, se fût-il étendu aux innombrables et
menues réductions que nécessite, du moins tran-
sitoirement, le petit commerce, ne nous eût pas
empêché d'être fondé à offrir à nos concitoyens
du département, l'opuscule que nous leur dé-

(1) Par C. F. Martin.

dions aujourd'hui : car outre que ce bel ouvrage n'est pas portatif „ il renferme une infinité de réductions inutiles à la presque généralité des marchands, et les recherches y sont moins faciles que dans une sorte de *vade-mecum* comme le nôtre, qui d'ailleurs remplit un double but : celui d'être utile, non-seulement aux commerçants et aux industriels, mais encore aux personnes qui, comme nous, sont chargées de l'instruction de la jeunesse.

Dans la première partie, nous nous sommes spécialement attaché au développement du système métrique, abstraction faite des anciens poids et mesures ; nous l'avons envisagé dans toutes ses combinaisons, sous touts les rapports que ses parties ont entre elles, soit commes unités équivalentes, soit comme unités décimales, et nous sommes convaincu par avance que cette méthode aura l'avantage de faciliter l'enseignement d'un système ingénieux qui, sous ce dernier rapport, présente plus de difficultés qu'il ne paraît d'âbord.

Dans la seconde partie, nous ne nous sommes pas contenté de donner des tables muettes de conversions ; nous en avons facilité l'usage par des applications nombreuses et raisonnées, de sorte que, nous l'espérons, on n'éprouvera aucune difficulté dans la pratique, des additions et le déplacement de la virgule pouvant suffire à presque touts les cas.

Comme ces tables de réductions doivent disparaître à mesure que l'instruction se popularisera et que l'on contractera l'habitude des mesures nouvelles, nous avons cru devoir omettre celles qui nous ont paru inutiles dès à présent ; telles, par exemple, que les tables de réductions de la livre tournois en franc, et quelques autres.

La connaissance des mesures agraires nouvelles n'étant encore que peu répandue , nous avons dressé une table pour chacune de ces mesures en usage dans le département.

Quant aux autres mesures dont l'usage a bientôt disparu , nous en avons indiqué les rapports principaux , sans y joindre de tables de comparaison. Nous terminerons notre petit travail par la conversion en francs de quelques monnaies étrangères , et par une série de problèmes propres à exercer les jeunes gens à la connaissance du système métrique (1) , et à la manière de faire usage des tables de réductions contenues dans ce volume. Puissions-nous être utile : voilà notre but !!!

(1) Ces problèmes sont maintenant placés immédiatement après l'exposition du système métrique, qui, d'après cette nouvelle combinaison , pourra se vendre séparément des tables de conversions.

Tout exemplaire non revêtu de la signature de l'auteur , sera réputé contrefait.

LOI

Du 4 Juillet 1837.

———

ART. 1.er Le décret du 12 février 1812 , concernant les poids et mesures , est et demeure abrogé.

ART. 2. Néanmoins , l'usage des instruments de pesage et de mesurage , confectionnés en exécution des articles 2 et 3 du décret précité , sera permis jusqu'au 1.er janvier 1840.

ART. 3. A partir du 1.er janvier 1840 , touts poids et mesures autres que les poids et mesures établis par les lois des 18 germinal an III et 19 frimaire an VIII , constitutives du système métrique décimal , seront interdits sous les peines portées par l'article 479 du code pénal.

ART. 4. Ceux qui auront des poids et mesures autres que les poids et mesures ci-dessus reconnus , dans leurs magasins , boutiques , ateliers ou maisons de commerce , ou dans les halles , foires ou marchés, seront punis comme ceux qui les emploieront, conformément à l'article 479 du code pénal.

Art. 5. A compter de la même époque, toutes dénominations de poids et mesures autres que celles portées dans le tableau annexé à la présente loi, et établies par la loi du 18 germinal an III, sont interdites dans les actes publics, ainsi que dans les affiches et les annonces.

Elles sont également interdites dans les actes sous seing-privé, les registres de commerce et autres écritures publiques produites en justice.

Les officiers publics contrevenants seront passibles d'une amende de vingt francs, qui sera recouvrée sur contrainte comme en matière d'enregistrement.

L'amende sera de dix francs pour les autres contrevenants ; elle sera perçue pour chaque acte ou écriture sous signature privée ; quant aux registres de commerce, ils ne donneront lieu qu'à une seule amende pour chaque contestation dans laquelle ils seront produits.

Art. 6. Il est défendu aux juges et arbitres de rendre aucun jugement ou décision en faveur des particuliers sur des actes, registres ou écrits dans lesquels les dénominations interdites par l'article précédent, auraient été insérées, avant que les amendes encourues aux termes dudit article aient été payées.

Art. 7. Les vérificateurs des poids et mesures constateront les contraventions prévues par les lois et réglements concernant le système métrique des poids et mesures.

Ils pourront procéder à la saisie des instruments de pesage et de mesurage dont l'usage est interdit par lesdites lois et réglements.

Leurs procès-verbaux feront foi en justice jusqu'à preuve contraire.

Les vérificateurs prêteront serment devant le tribunal d'arrondissement.

ART. 8. Une ordonnance royale règlera la manière dont s'effectuera la vérification des poids et mesures. (1)

TABLEAU des mesures légales, d'après la loi du 18 germinal an III.

Noms Systématiques.	Valeur.
MESURES DE LONGUEUR.	
Myriamètre	Dix mille mètres.
Kilomètre	Mille mètres.
Hectomètre	Cent mètres.
Décamètre	Dix mètres.
MÈTRE	Unité fondamentale des poids et mesures.
	(Dix-millionième partie du quart du méridien terrestre)
Décimètre	Dixième du mètre.
Centimètre	Centième du mètre.
Millimètre	Millième du mètre.

(1) Cette ordonnance a paru le 16 juin 1839 ; on trouvera, après le système métrique, les mesures usuelles qui y sont reprises.

Noms Systématiques.	Valeur.
MESURES AGRAIRES.	
Hectare	Cent ares ou dix mille mètres carrés.
ARE	Cent mètres carrés, carré de dix mètres de côté.
Centiare.	Centième de l'are, ou mètre carré.
MESURES DE CAPACITÉ POUR LES LIQUIDES ET LES MATIÈRES SÈCHES.	
Kilolitre.	Mille litres.
Hectolitre	Cent litres.
Décalitre.	Dix litres.
LITRE	Décimètre cube.
Décilitre.	Dixième du litre.
MESURES DE SOLIDITÉ.	
Décastère	Dix stères.
STÈRE	Mètre cube.
Décistère.	Dixième du stère.
POIDS.	
. . . .	Mille kilogr., poids du mètre cube d'eau et du tonneau de mer.
. . . .	Cent kilogrammes, quintal métrique.
KILOGRAMME.	Mille grammes.
	Poids dans le vide d'un décimètre cube d'eau distillée à la température de quatre degrés centigrades.

NOMS SYSTÉMATIQUES.	VALEUR.
POIDS.	
Hectogramme	Cent grammes.
Décagramme.	Dix grammes.
GRAMME	Poids d'un centimètre cube d'eau à quatre degrés centigrades.
Décigramme	Dixième du gramme.
Centigramme.	Centième du gramme.
Milligramme.	Millième du gramme.
MONNAIE.	
FRANC	Cinq grammes d'argent au titre de neuf dixièmes de fin.
Décime	Dixième du franc.
Centime	centième du franc.

Conformément à la disposition de la loi du 18 Germinal an III, concernant les poids et les mesures de capacité, chacune des mesures décimales de ces deux genres, a son double et sa moitié. Voir ci-après les mesures usuelles.

Système métrique.

On appelle système un assemblage de principes combinés, ayant une base pour point de départ : le système métrique est ainsi nommé, parce que toutes ses parties dérivent du mètre, qui en est la base unique. — Les mots dont se compose la nomenclature de ce système sont au nombre de quatorze :

Nomenclature métrique.

Six unités principales : le mètre , l'are , le stère , le gramme , le franc.

Quatre multiples.	*Quatre sous-multiples.*
Myria , qui signifie dix mille.	Déci , qui signifie dixième.
Kilo. . . . . mille.	Centi . . . . centième.
Hecto. . . . . cent.	Milli . . . . millième.
Déca. . . . . dix.	Millioni. . . . . . millionième.

En parlant des mesures de superficie et de volume , nous ferons voir comment le mètre carré se divise en cent décimètres carrés , et le mètre cube en mille décimètres cubes.

Du mètre.

Par des moyens que fournissent l'Astronomie et la Physique , on a mesuré la distance du pôle nord à l'Équateur , et l'on a donné le nom de *mètre* à la dix-millionième partie de cette distance, qui s'est trouvée être de 5130740 toises ; (base d'après laquelle nous dresserons la plupart de nos tables de comparaison.) (1) Le mot mètre signifie mesure.

Outre que le mètre est l'unité fondamentale de tout le système métrique , il est encore l'unité linéaire principale et sert à mesurer les petites lon-

---

(1) Cette opération fut d'abord confiée à MM. Delambre et Mechain ; elle fut continuée par MM. Arago , Biot et Lefebvre-Géneau. Nous conseillons aux maîtres de faire voir sur un globe l'arc du méridien du pôle à l'Équateur , ou une partie de cet arc sur une carte de France.

gueurs, les étoffes, les toiles, etc. ; ses multiples
sont le myriamètre, le kilomètre, l'hectomètre,
le décamètre ; ses sous-multiples, le décimètre,
le centimètre, le millimètre.

Du mètre carré. (1)

C'est un carré dont les quatre côtés ont un mètre de longueur.

Le mètre carré se divise en 100 décimètres
carrés. De même le mètre carré est la centième
partie du décamètre carré ; le décamètre carré,
la centième partie de l'hectomètre carré, etc.

DÉMONSTRATION. Pour démontrer que le mètre
carré se divise en 100 décimètres carrés, on trace
une figure carrée que l'on divise d'abord en 10
rectangles égaux que l'on suppose de 10 décimètres de long sur un décimètre de large ; on divise
ensuite l'un de ces rectangles en 10 parties égales
d'un décimètre carré. Or, dit-on, 10 rectangles
à 10 décimètres chacun égalent 100 décimètres
carrés. Le même raisonnement s'applique aux
multiples et aux autres sous-multiples.

AUTRE DÉMONSTRATION. Traçons ou supposons tracé un *mètre carré*, c'est-à-dire un carré
dont chaque côté ait un mètre de longueur ; divisons deux côtés opposés en dix parties égales qui
auront conséquemment chacune un décimètre de
longueur ; joignons les 1.er, 2.e, 3.e, 4.e, etc.,
points de division d'un côté avec les 1.er, 2.e, 3.e,

(1) On appelle carré une surface limitée par quatre
côtés égaux, parallèles deux à deux et formant quatre
angles droits.

4.e, etc., points opposés, nous aurons ainsi divisé notre carré en dix rectangles égaux [ces rectangles s'appèlent vulgairement carrés longs] : divisons ensuite les deux autres côtés de notre carré comme les premiers, et joignons de même les points de division, chaque rectangle se trouvera ainsi partagé en dix carrés égaux, ayant chacun un décimètre de côté et qui par conséquent sont des *décimètres carrés* ; or il y a dix rectangles à dix décimètres carrés, donc le mètre carré égale 10 multiplié par 10 ou cent décimètres carrés.

De l'Are.

L'are, mesure agraire, est une superficie carrée, dont chaque côté a dix mètres de longueur, et qui, par conséquent, est un décamètre carré.

L'are n'a qu'un seul multiple qui est l'hectare, carré ayant cent mètres de côté ; c'est un hectomètre carré ; il a pour sous-multiple le centiare, carré ayant un mètre de côté, et qui égale conséquemment le mètre carré.

Du Mètre cube. (1)

C'est un volume dont les six faces sont des mètres carrés, et dont par conséquent les arètes ou bords ont un mètre de longueur. Le mètre cube se divise en 1000 décimètres cubes ; le décimètre cube en 1000 centimètres cubes ; le centimètre cube en 1000 millimètres cubes ; de même le décamètre cube égale 1000 mètres cubes, etc.

---

(1) On appelle cube un volume à six faces égales, et parallèles deux à deux : un dé à jouer, une caisse peuvent donner l'idée d'un cube.

1.ere **DÉMONSTRATION.** Supposons tracé un mètre carré divisé, comme on l'a vu, en 100 décimètres carrés ; plaçons sur chaque décimètre carré un décimètre cube ; il nous faudra, pour cette première assise, 100 décimètres cubes ; comme les décimètres cubes sont des volumes d'un décimètre de dimension, il est aisé de comprendre que l'assise ne s'élèvera qu'à un décimètre, et qu'ainsi il faudra 10 assises semblables pour former le mètre cube. Or, 10 assises à 100 décimètres cubes chacune, égalent 1000 décimètres cubes.

2.e **DÉMONSTRATION.** Prenez le mètre carré divisé en 100 décimètres carrés ; élevez sur un décimètre carré une pile de 10 décimètres cubes, et elle aura un mètre de hauteur. Comme pour construire le mètre cube, il vous faudra 100 piles de 10 décimètres chacune, vous n'aurez aucune peine à comprendre qu'il vous faudra en tout 1000 décimètres cubes.

3.e **DÉMONSTRATION.** Le décimètre cube égale 1000 centimètres cubes ; pour le prouver, je prends un décimètre cube, ou un cube dont les six faces sont des décimètres carrés ; c'est-à-dire un cube qui a un décimètre de long sur un décimètre de large et autant de haut. Je divise deux faces opposées chacune en dix rectangles égaux qui auront conséquemment un décimètre de base sur un centimètre de hauteur ; je coupe ensuite en partant des 1.ere, 2.e, 3.e, 4.e, etc. droites de division d'une face, et me dirigeant directement vers les 1.ere, 2.e, 3.e, 4.e, etc., droites de division de la face opposée, je coupe, dis-je, mon décimètre cube en dix parties égales, ayant chacune un décimètre carré de base et un centimètre de haut. Je partage la base inférieure et la base supérieure de mon dixième de décimètre cube , chacune en 100 carrés égaux ou centimètres carrés. Je suppose que suivant ces carrés , j'ai divisé ma tranche en 100 petits cubes , ayant un centimètre en tous sens , chacun d'eux sera un centimètre cube ; or, il y a dix tranches semblables dans le décimètre cube ; donc le décimètre cube égale 10 multiplié par 100 ou mille centimètres cubes.

Je démontrerais de même que le mètre cube égale mille décimètres cubes.

On peut employer les mêmes procédés pour démontrer que le mètre cube n'est que la millième partie d'un décamètre cube.

Du Stère.

Le stère , mesure des bois de chauffage , est un volume cubique , ayant un mètre de longueur sur chacune de ses dimensions ; c'est le mètre cube. Un seul multiple : le décastère ; trois sous-multiples : le décistère , le centistère et le millistère.

Du Litre.

Le litre , mesure de capacité ou de contenance , est un volume cubique , dont chaque dimension est un décimètre ; c'est le décimètre cube. A cause des inconvénients que présente , dans l'usage , la forme cubique , on a adopté un cylindre de la même capacité. Multiples : le kilolitre , l'hectolitre , le décalitre ; sous-multiples : le décilitre , le centilitre , le millilitre.

Du gramme.

Le gramme, unité principale des poids, est la millième partie de ce que pèse un litre d'eau pure, et froide à la glace fondante. Multiples : le myriagramme, le kilogramme, l'hectogramme, le décagramme ; sous-multiples : le décigramme, le centigramme, le milligramme.

Du franc.

Le franc, unité monétaire, se compose de neuf dixièmes d'argent et d'un dixième de cuivre ; il pèse cinq grammes. Le franc n'a point de multiples ; il a deux sous-multiples : le décime, le centime.

DES UNITÉS ÉQUIVALENTES DANS LE SYSTÈME MÉTRIQUE.

Mesures de longueur.

Le mètre, comme unité linéaire, n'a point de synonyme ; il en est de même de ses multiples et de ses sous-multiples.

Mesures de superficie.

Le mètre carré égale le centiare.
Le décamètre carré   l'are.
L'hectomètre carré   l'hectare.
Le kilomètre carré   100 hectares.
Le myriamètre carré   10000 hectares.

Mesures des volumes.

Le mètre cube égale le stère, le kilolitre et un

volume d'eau du poids de 1000 kilogrammes. [1]

Le décimètre cube égale le litre, le millistère, et un volume d'eau du poids d'un kilogramme.

Le centimètre cube égale le millilitre et un volume d'eau du poids d'un gramme.

Le millimètre cube égale un volume d'eau du poids d'un milligramme.

Le stère, voyez le mètre cube.

Le décistère, 10.ᵉ du stère, égale 100 décimètres cubes, l'hectolitre et un volume d'eau du poids de 100 kilogrammes.

Le centistère, 100.ᵉ du stère, égale 10 décimètres cubes, un décalitre et un volume d'eau du poids de 10 kilogrammes.

Le millistère, millième du stère, égale le décimètre cube, le litre et un volume d'eau du poids d'un kilogramme.

Mesures de contenance ou de capacité.

On a vu que le kilolitre répond au mètre cube, au stère et à un volume d'eau du poids de 1000 kilogrammes ; que l'hectolitre égale 100 décimètres cubes ; le décalitre, 10 décimètres cubes ; et le litre, un décimètre cube, etc.

Le décilitre, 10.ᵉ du litre, égale 100 centimètres cubes et un volume d'eau du poids d'un hectogramme.

Le centilitre, 100.ᵉ du litre, égale 10 centimètres cubes, un décagramme.

Le millilitre, 1000.ᵉ du litre, égale un centimètre cube, un gramme.

---

[1] On se rappellera qu'il s'agit d'eau pure ou distillée, et presqu'aussi froide que la glace.

Poids.

Le kilogramme d'eau, comme on vient de le voir, répond au décimètre cube, au litre et au millistère.

L'hectogramme à 100 cent. cubes et au décilitre.

Le décagramme à 10 cent. cubes et au centilitre.

Le gramme au centimètre cube et au millilitre.

Le décigramme, 10.ᵉ du gramme, répond à 100 millimètres cubes.

Le centigramme, 100.ᵉ du gramme, à 10 millimètres cubes.

Le milligramme à un millimètre cube.

Monnaie.

Le franc équivaut, par son poids, à un volume d'eau de 5 centimètres cubes ou à 5 grammes.

Le demi-franc à 2 centimètres et 500 millimètres cubes ou 25 grammes.

Le quart de franc à 1250 millimètres cubes ou 125 centigrammes. [1]

REMARQUE IMPORTANTE. Par l'inspection attentive des unités équivalentes, au moyen des démonstrations que nous avons faites sur la division du mètre carré en 100 décimètres carrés, etc., on a pu se convaincre que dans ces sortes de mesures, les unités carrées immédiatement inférieures, ne sont que des centièmes de leur multiple immédiat ; que par celles que nous avons

---

[1] Nous avons mieux aimé entrer dans ces menus détails que de laisser à désirer, et le maître sentira bien qu'il faut les négliger dans le début, sur-tout à l'égard des jeunes élèves.

données sur les divisions et subdivisions du mètre cube, les unités cubiques immédiatement inférieures, ne sont que des millièmes à l'égard de l'unité supérieure immédiate ; et qu'enfin, il ne faut pas confondre le décistère, le centistère et le millistère avec le décimètre cube, le centimètre cube et le millimètre cube.

On conçoit que le décistère étant la 10.ᵉ partie du stère, et le décimètre cube la 1000.ᵉ partie du mètre cube, le décistère équivaut à 100 décimètres cubes, puisque le mètre cube et le stère sont le même volume sous des noms différents. On raisonnera de même pour prouver que le centistère égale 10 décimètres cubes ; le millistère, un décimètre cube.

Pour plus d'évidence encore, qu'on se reporte à cette démonstration, où l'on forme le mètre cube au moyen de 10 assises de 100 décimètres cubes chacune, on trouvera qu'une assise étant la 10.ᵉ partie du mètre cube, elle répond exactement au décistère ; on trouvera de même dans la 2.ᵉ démonstration, que le centistère répond à une pile de 10 décimètres cubes ; pour le millistère, il est évident qu'étant la 1000.ᵉ partie du stère, il est aussi la 1000.ᵉ partie du mètre cube ; le millistère est donc un volume égal au décimètre cube.

Comment se rattachent au mètre les diverses parties du système légal des poids et mesures.

Au moyen du tableau des unités ou mesures équivalentes, rien n'est aussi facile que de rattacher au mètre toutes les mesures du système légal. Soit donné, par exemple, de rapporter au mètre le millilitre : on cherche dans la table, et l'on trouve que le millilitre répond à un centimètre cube ; en effet, le litre étant formé du décimètre cube, son millième est le même ; or, le millième d'un décimètre cube est, comme on l'a démontré, le centimètre cube ; donc le millilitre répond exactement au centimètre cube.

Soit le kilogramme : on sait que le gramme est le poids d'un volume d'eau d'un centimètre cube, et qu'ainsi le kilogramme est le poids d'un volume d'eau de 1000 centimètres cubes ; mais 1000 centimètres cubes égalent un décimètre cube ; donc le kilogramme se rattache au mètre, en ce qu'il est le poids d'un volume d'eau égal à un décimètre cube.

Soit enfin le franc : le franc pèse 5 grammes, il égale donc par son poids celui de 5 centimètres cubes d'eau ; le franc se rattache donc au mètre, en ce qu'il pèse autant qu'un volume d'eau de 5 centimètres cubes. [1]

---

[1] On ne saurait trop exercer les jeunes gens sur les unités équivalentes, et sur la manière de rattacher, les unes aux autres, les diverses unités métriques. (Voir les questions.)

TABLEAU ou résumé du Système métrique.

MULTIPLES.				UNITÉS PRINCIPALES.	DIVISIONS ou Sous-Multiples.		
Myria.	Kilo.	Hecto.	Déca.	Mètre.	Déci.	Centi.	Milli.
Myria.	Kilo.	Hecto.	Déca.	Mètre carré.	Déci.	Centi.	Milli.
		Hect.		Are.		Centi.	
				Mètre cube.	Déci.	Centi.	Milli.
			Déca.	Stère.	Déci.	Centi.	Milli.
	Kilo.	Hecto.	Déca.	Litre.	Déci.	Centi.	Milli.
Myria.	Kilo.	Hecto.	Déca.	Gramme.	Déci.	Centi.	Milli.
				Franc.	Décime.	Centime.	

Des mesures usuelles.

Les mesures usuelles reconnues par l'ordonnance royale du 16 juin 1839, sont :

N.° 1. — Mesures de longueur. — Noms des mesures.

Double-décamètre, décamètre, demi-décamètre, double-mètre, mètre, demi-mètre, double-décimètre, décimètre. [1]

N.° 2. — Mesures de capacité pour les matières sèches. — Noms des mesures.

Hectolitre, demi-hectolitre, double-décalitre, décalitre, demi-décalitre, double-litre, litre, demi-litre, double-décilitre, décilitre, demi-décilitre.

N.° 3. — Mesures de capacité pour les liquides. — Noms des mesures.

Double-litre, litre, demi-litre, double-décilitre, décilitre, demi-décilitre, double-centilitre, centilitre.

N.° 4. — Poids en fer. — Noms des poids.

50 kilogrammes, 20 kilogrammes, 10 kilogrammes, 5 kilogrammes, double-kilogramme,

---

[1] Il est inutile de dire que les centimètres et les millimètres seront indiqués sur les mesures.

kilogramme , demi-kilogramme , double-hecto-gramme , hectogramme , demi-hectogramme.

N.° 5. — Poids en cuivre. — Noms des poids.

20 kilogrammes , 10 kilogrammes , 5 kilo-grammes, double-kilogramme, kilogramme, demi-kilogramme, double-hectogramme, hectogramme, demi-hectogramme , double-décagramme , déca-gramme , demi-décagramme , double-gramme , gramme, demi-gramme, double-décigramme, déci-gramme, demi-décigramme, double-centigramme, centigramme , demi-centigramme , double-milli-gramme , milligramme.

N.° 6. — Instruments de pesage. — Noms des instruments.

1.° Les balances à bras égaux. — Les balan-ces bascules. — 3.° Les romaines.

N.° 7. — Instruments de mesurage pour le bois de chauffage.

Demi-décastère , double-stère , stère.

SÉRIE DE QUESTIONS

SUR LE SYSTÈME MÉTRIQUE DÉCIMAL.

Nomenclature du système métrique, page 11.

1 Que signifie le mot *système* ? — Qu'est-ce que le système *métrique* ?

2 Que signifie le mot *mètre* ? — Pourquoi le *mètre* est-il appelé *unité fondamentale* ?

3 Pourquoi le système métrique est-il aussi appelé système légal des poids et mesures ?

4 Pourquoi dit-on système métrique *décimal* ?

5 Quels sont les mots dont se compose la nomenclature du système métrique décimal ?

6 Que signifient ces mots : *déca*, *hecto*, *kilo*, *myria* ? — Et ceux-ci : *déci*, *centi*, *milli*, *millioni* ?

7 Quelles sont les unités métriques ? — Combien la nomenclature métrique contient-elle de mots ?

8 Quelle différence y a-t-il entre *déca* et *déci*, entre *centi* et *hecto*, entre *kilo* et *milli* ?

9 Quel mot faut-il placer immédiatement devant une unité métrique pour la rendre 10 fois plus grande ? — 10 fois plus petite ? — 100 fois plus petite ? — 100 fois plus grande ?

10 Au lieu de dire ou d'écrire 10 mètres, 10 litres, 10 grammes, comment peut-on dire ou écrire ?

11 Au lieu de kilomètre, hectomètre, kilolitre, hectolitre, myriagramme, kilogramme, comment peut-on dire encore ?

Mesures de longueur. — Du mètre, page 12.

12 Comment a-t-on déterminé la longueur du mètre ?

13 Après avoir mesuré la distance du pôle à l'Équateur,

en combien de parties l'a-t-on divisée pour déter-
miner la longueur du mètre?

14 Quels sout les savants qui ont mesuré la distance du
pôle à l'Équateur, ou ce qui revient au même le
quart du tour de la Terre?

15 Quelle est en mètres la distance du pôle à l'Équateur?

16 Quelle est en mètres la longueur du tour de la Terre?

17 Quelle est la base du système métrique?

18 Pourquoi a-t-on établi le système métrique, et
pourquoi a-t-on voulu qu'il fût basé sur la longueur du tour de la Terre?

19 Quelle partie de la distance du pôle à l'Équateur est
le mètre?

20 Outre que le mètre est appelé *unité fondamentale*,
comment l'appelle-t-on encore?

21 Quels sont les principaux usages du mètre comme
unité de longueur?

22 Quels sont les multiples et les sous-multiples du
mètre considéré comme unité de longueur?

23 Combien faut-il de mètres pour 1 décamètre, pour
1 hectomètre, pour 1 kilomètre, pour 1 myriamètre?

24 Combien faut-il de décimètres, de centimètres, de
millimètres pour un mètre?

25 Combien le kilomètre vaut-il de mètres, et à quoi
sert-il?

26 Combien le myriamètre vaut-il de mètres, et à quoi
sert-il?

27 Réduire 10,000,000 de mètres en myriamètres, en
kilomètres, en hectomètres et en décamètres?

28 Exprimer la distance du pôle à l'Équateur en myriamètres, en kilomètres, en hectomètres, en décamètres et en mètres?

29 Quelles unités métriques expriment les chiffres
qu'on voit sur les plaques qui indiquent la distance entre les communes?

30 Combien un myriamètre vaut-il de kilomètres; le
kilomètre d'hectomètres; l'hectomètre de décamètres; le décamètre de mètres; le mètre de dé-

cimètres ; le décimètre de centimètres ; le centimètre de millimètres ?

31 Combien faut-il de millimètres pour un centimètre, pour un décimètre, pour un mètre, pour un décamètre ?

32 Combien faut-il de décimètres pour un mètre, pour un décamètre, pour un hectomètre, pour un kilomètre, pour un myriamètre ?

33 Démontrez qu'un myriamètre est égal à 1000 décamètres, à 100 hectomètres et à 10 kilomètres ?

34 Démontrez que 8 myriamètres, 7 kilomètres, 6 hectomètres et 5 décamètres sont égaux à 87650 mètres ?

35 Combien 7895674 mètres valent-ils de myriamètres, de kilomètres, d'hectomètres, de décamètres et de mètres ?

36 Combien de mètres y a-t-il dans 7854 millimètres, dans 7854 centimètres et dans 7854 décimètres ? — Démontrez les réponses ?

Mesures des surfaces. — Du mètre carré, p. 13.

37 Définissez le mètre carré ?

38 Définissez le décimètre carré, le centimètre carré, et le millimètre carré ?

39 Comment définit-on un carré ?

40 Quels sont les multiples et les divisions du mètre carré ?

41 Si l'on partageait le mètre carré en dix rectangles égaux, d'un mètre de longueur sur un décimètre de hauteur ou largeur, combien pourrait-on former de décimètres carrés dans chacun d'eux ?

42 Ayant trouvé que la dixième partie du mètre carré peut être un rectangle ou carré long de 10 décimètres carrés, combien de décimètres carrés y a-t-il dans un mètre carré ?

43 En combien de décimètres carrés se divise le mètre carré ? — Démontrez la réponse ?

44 En combien de centimètres carrés se divise le décimètre carré ?

45 En combien de millimètres carrés se divise le centimètre carré ?

46 Combien un mètre carré vaut-il de décimètres carrés, de centimètres carrés, de millimètres carrés?

47 Quelle différence y a-t-il entre les divisions du mètre considéré comme mesure de longueur et les divisions du mètre carré ?

48 Que sont les décimètres carrés à l'égard du mètre carré, les centimètres carrés à l'égard du décimètre carré, et les millimètres carrés à l'égard du centimètre carré?

49 Définissez le décamètre carré, et dites combien il vaut de mètres carrés?

50 Si l'on partageait un décamètre carré en 10 rectangles égaux ayant chacun 10 mètres de longueur sur 1 mètre de hauteur, combien de mètres carrés contiendrait un seul rectangle, et combien en contiendraient ensemble les dix rectangles?

51 Que sont les mètres carrés à l'égard du décamètre carré?

52 Qu'est-ce qu'un hectomètre carré? — En combien de décamètres carrés le divise-t-on?

53 Comment preuve-t-on que l'hectomètre carré est égal à 100 décamètres carrés et à 10000 mètres carrés ?

54 Qu'est-ce qu'un kilomètre carré, et combien vaut-il d'hectomètres carrés?

55 Définissez le myriamètre carré, et dites en combien de kilomètres carrés, d'hectomètres carrés, de décamètres carrés et de mètres carrés on le divise?

56 En général, combien faut-il d'unités carrées immédiatement inférieures pour une unité supérieure immédiate?

57 Démontrez que l'hectomètre carré égale 100 décamètres carrés ; que le décamètre carré vaut 100 mètres carrés; que le mètre carré se divise en 100 décimètres carrés; qu'il faut 100 centimètres carrés pour un décimètre carré, et 100 millimètres carrés pour un centimètre carré ?

Mesures agraires. — De l'are, page 14.

58 Comment définissez-vous un are?

59 Quels en sont le multiple et le sous-multiple?

60 Qu'est ce qu'un hectare, un centiare?

61 Combien l'hectare vaut-il d'ares et de centiares?

62 Combien l'are vaut-il de centiares, et combien faut-il de centiares pour un are, et pour un hectare?

63 Quelle est la longueur des côtés de l'are, de l'hectare et du centiare?

64 Quel rapport y a-t-il entre l'hectare et l'hectomètre carré, entre l'are et le décamètre carré, entre le centiare et le mètre carré?

65 Combien y a-t-il de décimètres carrés dans un centiare, de mètres carrés dans un are, et de décamètres carrés dans un hectare?

66 Dans les mesures agraires, que sont les unités immédiatement inférieures à l'égard de l'unité supérieure immédiate?

67 Démontrez que l'hectare est égal à l'hectomètre carré, que l'are et le décamètre carré sont égaux, ainsi que le sont le centiare et le mètre carré?

68 Si l'on divisait un are en dix parties égales, combien chaque partie vaudrait-elle de centiares et de mètres carrés?

69 Combien y a-t-il d'ares et de décamètres carrés dans un hectare?

70 Si l'on divisait un hectare en dix parties égales, combien chaque partie contiendrait-elle d'ares, de centiares, de décamètres carrés et de mètres carrés?

71 Dans les mesures de superficie, les unités sous-multiples étant des centièmes à l'égard de leur multiple, quelle précaution faut-il avoir quand on écrit en chiffres ces sortes d'unités?

72 Comment faut-il écrire en chiffres trois hectares, six ares, neuf centiares? — Cinq kilomètres,

deux hectomètres, trente-cinq mètres carrés? (1)

73 Comment réduit-on des hectares en ares et en cen-
    tiares? — Réduire 57 hectares en ares, puis en
    centiares? — Réduire 78679 centiares en ares,
    puis en hectares?

Mesure des volumes. — Du mètre cube, p. 14.

74 Qu'est-ce qu'un cube? — Son usage comme unité?

75 Définissez le mètre cube, le décimètre cube, le
    centimètre cube et le millimètre cube?

76 Combien le mètre cube vaut-il de décimètres cu-
    bes, le décimètre cube de centimètres cubes, et
    le centimètre cube de millimètres cubes?

77 Que sont les décimètres cubes à l'égard du mètre
    cube, les centimètres cubes à l'égard du déci-
    mètre cube, et les millimètres cubes à l'égard du
    centimètre cube?

78 Démontrez que le mètre cube se divise en 1000 dé-
    cimètres cubes, le décimètre cube en 1000 cen-
    timètres cubes, et le centimètre cube en 1000
    millimètres cubes?

79 A quoi peut-on comparer le mètre cube, le déci-
    mètre cube et le centimètre cube?

80 Combien de décimètres cubes dans un dixième, dans
    un centième de mètre cube?

81 Combien faut-il de décimètres cubes, de centimè-
    tres cubes, et de millimètres cubes pour un mètre
    cube?

82 Combien y a-t-il de décimètres cubes, de centimè-
    tres cubes et de millimètres cubes dans 7 mètres
    cubes? — Démontrez la réponse?

83 Réduire 7789677 centimètres cubes en mètres cu-
    bes et en décimètres cubes?

---

(1) A la fin de ce questionnaire, on trouvera des problèmes ou
exercices pratiques qu'on pourra multiplier suivant le besoin.

84. En général que sont les unités métriques cubiques immédiatement inférieures à l'égard de l'unité supérieure immédiate?

85. Quelle précaution faut-il avoir dans l'énonciation écrite en chiffres des mètres cubes, des décimètres cubes, des centimètres cubes, et des millimètres cubes?

86. Écrire en chiffres neuf mètres cubes, soixante-deux décimètres cubes, trois centimètres cubes et neuf cent sept millimètres cubes.

87. Combien de décimètres carrés peut-on tracer sur chacune des faces du mètre cube?

88. Si l'on traçait sur le sol un mètre carré divisé en décimètres carrés, combien faudrait-il de décimètres cubes pour poser un décimètre cube sur chacun de ces décimètres carrés, et combien faudrait-il d'assises semblables pour former un mètre cube?

89. Que serait le volume qu'on formerait sur un mètre carré divisé en 100 décimètres carrés, en élevant sur chaque décimètre carré une pile de 10 décimètres cubes?

90. Combien de tables d'un mètre de long, sur un mètre de large et d'un décimètre d'épaisseur pourrait-on tirer d'un mètre cube?

91. Si l'on divisait une de ces tables en 10 parties égales ou poutrelles, ayant chacune un mètre de long, un décimètre de large et un décimètre d'épaisseur, combien de décimètres cubes tirerait-on de chaque poutrelle, et d'une table tout entière?

92. Ayant trouvé que le mètre cube peut se diviser en 10 tables d'un mètre de long, sur un mètre de large et un décimètre d'épaisseur; que chaque table peut se subdiviser en 10 petites poutres d'un mètre de long sur un décimètre de large et un décimètre d'épaisseur; que chaque poutrelle peut se diviser en 10 décimètres cubes, combien trouvez-vous de décimètres cubes dans un mètre cube?

Du stère, page 16.

93 Qu'est-ce que le stère ? — A quoi sert-il ?

94 Quelles sont les divisions ou sous-multiples du stère ?

95 Combien le stère vaut-il de décistères, de centistè-res et de millistères ?

96 Combien faut-il de décistères pour un stère, de cen-tistères pour un décistère, de millistères pour un centistère, de stères pour un décastère ?

97 Le stère étant égal au mètre cube, combien vaut-il de millimètres cubes ?

98 Le décistère étant la dixième partie du stère, com-bien vaut-il de décimètres cubes ?

99 Combien le centistère égale-t-il de décimètres cu-bes, et quel rapport y a-t-il entre le millistère et le décimètre cube ?

100 Dans les unités cubiques, c'est-à-dire celles qui, dans l'énonciation, sont toujours suivies du mot *cube*, les mots *déci*, *centi*, *milli* signifient-ils dixième, centième ou millième ?

101 Quel rapport y a-t-il entre le décimètre cube et le décistère, entre le centimètre cube et le centis-tère, entre le millimètre cube et le millistère ?

102 Combien le décistère, le centistère et le millistère valent-ils chacun de décimètres cubes ?

103 A quel sous-multiple du stère se rapporte une as-sise de décimètres cubes, faite sur un mètre carré divisé en 100 mètres carrés ?

104 A quel sous-multiple du stère se rapporte une pile de décimètres cubes haute d'un mètre ?

105 A quelle partie du stère répond le volume d'une table, ayant un mètre carré et un décimètre d'épaisseur ? — La dixième partie de ce volume ?

106 Combien faut-il de décimètres cubes pour un mil-listère, pour un centistère, pour un décistère, pour un stère ?

107 Le stère ne servant qu'à mesurer le bois de chauf-fage, quelle est la mesure des bois de construc-tion ?

Mesures de capacité ou de contenance.
— Le litre , page 16.

108 Comment définit-on le litre ? Pourquoi lui a t-on
    donné la forme cylindrique ?
109 Quels sont les multiples et les sous-multiples du
    litre ?
110 Combien le litre vaut-il de décilitres , de centili-
    tres , de millilitres ?
111 Combien faut il de millilitres pour un centilitre ,
    de centilitres pour un décilitre , de décilitres
    pour un litre , de litres pour un décalitre , de
    décalitres pour un hectolitre , et d'hectolitres
    pour un kilolitre ?
112 Le litre étant formé du décimètre cube , auquel il
    est égal , à combien de décimètres cubes répon-
    dent le kilolitre , l'hectolitre et le décalitre ?
113 Que sont les décilitres à l'égard du litre , les
    centilitres à l'égard du décilitre, les millilitres
    à l'égard du centilitre ?
114 Sachant que les centimètres cubes sont des millie-
    mes de décimètre cube , et que les décilitres
    sont des dixièmes de litre, on demande combien
    un décilitre vaut de centimètres cubes ?
115 Combien de centimètres cubes faut-il pour égaler
    un millilitre , un centilitre , un décilitre , un
    litre ?
116 Le décalitre étant égal à 10 litres , et 10 litres ré-
    pondant à un volume de 10 décimètres cubes ,
    à quelle partie du stère répond le décalitre ,
    l'hectolitre, le kilolitre ?
117 Quel est le multiple du litre qu'on emploie le plus
    ordinairement dans le commerce ?
118 Démontrez que le mètre cube, le kilolitre et le
    stère sont des mesures égales.
119 Démontrez encore que le décistère est égal à l'hec-
    tolitre , le centistère au décalitre , et le milli-
    stère au litre.
120 Si l'on jetait 15 décimètres cubes d'eau dans un

vase qui contient 15 litres, le vase pourrait-il les contenir ?

121 Si l'on plongeait dans le fond d'un litre plein de liquide, un volume de 10 centimètres cubes, combien de décilitres de ce liquide resterait-il dans le litre ?

122 Si l'on ôtait 100 décimètres cubes d'une cuve qui contient un kilolitre, combien resterait-il de litres ?

Poids. — Du gramme, page 17.

123 Quelle est l'unité principale des poids ? — La base de cette unité ?

124 Quels sont les multiples et les sous-multiples du gramme ?

125 Combien le gramme vaut-il de décigrammes, de centigrammes, de milligrammes ?

126 Combien faut-il de grammes pour un décagramme, pour un hectogramme, pour un kilogramme, pour un myriagramme ?

127 Le gramme étant le poids d'un centimètre cube (d'eau pure (1) et froide à la neige fondante), à combien de centimètres cubes répond le kilogramme, l'hectogramme, le décagramme ?

128 Combien pèse un décimètre cube d'eau pure et froide à la glace fondante ?

129 Quel est le poids d'un mètre cube d'eau distillée et très-froide ?

130 Quel est le poids d'un litre d'eau distillée et froide à la glace fondante, d'un décilitre, d'un centilitre, d'un millilitre, d'un décalitre, d'un hectolitre, d'un kilolitre, d'un myrialitre ?

131 Sachant qu'un décimètre cube d'eau distillée à son maximum de densité, pèse un kilogramme,

____

(1) Par eau pure ou distillée, il faut entendre de l'eau dans laquelle il n'y a aucun corps étranger ; par froide à la glace fondante, de l'eau à son maximum de densité.

combien pèse un centimètre cube, un millimètre cube de cette eau ?

132 Démontrez qu'un mètre cube d'eau pure et froide
pèse 1000 kilogrammes ?

133 A quelles parties du mètre cube d'eau répondent
les poids suivants : le myriagramme, le kilogramme, l'hectogramme, le décagramme, le
gramme, le décigramme, le centigramme,
le myriagramme ? — A quelles parties du
litre répondent ces mêmes poids ?

134 Dans les poids, les unités immédiatement inférieures sont-elles décimales de l'unité supérieure
immédiate ? — Pourquoi ?

135 Combien faudrait-il de litres d'eau pure et froide
pour faire équilibre à 15 kilogrammes, à 15
myriagrammes ?

Monnaie — Du franc, page 17.

136 Définissez le franc par son poids et par sa composition ?

137 Quels sont les divisions ou sous-multiples du
franc ?

138 Combien pèse un franc ? — Combien d'argent pur
et de cuivre entre-t-il dans la composition d'un
franc ?

139 Le franc pesant 5 grammes, combien pèsent 10
francs, 100 francs, 1000 francs ?

140 Combien faudrait-il de francs pour remplacer les
poids suivants : le décagramme, l'hectogramme,
le kilogramme, le myriagramme ?

141 Combien pèse une pièce de 5 francs, et combien
en faudrait-il pour un kilogramme, pour un
myriagramme, pour 100 kilogrammes ?

142 A combien de centimètres cubes d'eau pure et
froide le franc ferait-il équilibre ?

143 Combien de francs faudrait-il pour faire équilibre
à un litre d'eau pure et froide, à un décimètre
cube de cette eau ?

*Des unités équivalentes dans le système métri-
que*, page 17.

144 Quelles sont les unités ou mesures équivalentes
au *mètre* considéré comme mesure de longueur?

145 Quelles sont les unités équivalentes dans les mesures de superficie?

146 Combien le kilomètre carré vaut-il d'hectares, et
combien d'hectares faut-il pour un myriamètre
carré?

147 Quelles sont les mesures équivalentes au mètre
carré, au décamètre carré, à l'hectomètre carré?

148 Quelles sont les mesures équivalentes à l'hectare,
à l'are et au centiare?

149 Sachant que le centiare est égal au mètre carré,
démontrez que l'are est égal au décamètre carré,
que l'hectare est égal à l'hectomètre carré?

150 Quelles sont les unités équivalentes au mètre cube,
au décamètre cube, au centimètre cube, au
millimètre cube?

151 Démontrez que le kilolitre est équivalent au mètre
cube et au stère?

152 Démontrez que l'hectolitre est équivalent au décistère, que le décalitre est équivalent au
centistère, que le litre est équivalent au millistère?

153 Démontrez que le centimètre cube, le millilitre et
le gramme sont des unités équivalentes?

154 Démontrez que le millimètre cube et le milligramme sont des unités équivalentes?

155 A quelles unités métriques sont équivalents 100
kilogrammes d'eau pure et froide, 10 kilogrammes, un kilogramme, un hectogramme, un
décagramme, un gramme, un décigramme,
un centigramme, un milligramme?

156 Quelle quantité d'eau pure et froide faut-il pour
équivaloir au poids d'un franc, d'un demi-franc,
d'un quart de franc.

157 Combien de fois trouve-t-on , dans les mesures de
volumes, des unités équivalentes quatre à quatre , trois à trois , deux à deux?

*Comment se rattachent au mètre les diverses par-
ties du système légal des poids et mesures*, p. 20.

158 Comment rattache-t-on au mètre l'hectare , l'are
et le centiare?
159 Comment rattache-t-on au mètre le stère , le décistère , le centistère et le millistère?
160 Comment se rattachent au mètre le kilolitre, l'hectolitre , le décalitre , le litre , le décilitre , le
centilitre et le millilitre ?
161 Rattacher au mètre le kilogramme, l'hectogramme, le décagramme, le gramme, le décigramme,
le centigramme et le milligramme.
162 Comment le franc se rattache-t-il au mètre ?

Tableau ou résumé du système métrique, p. 22.

163 Combien y a-t-il d'unités métriques principales
y compris le mètre carré et le mètre cube, et
quelles sont ces unités ?
164 Quelles sont les unités qui ont quatre multiples ?
165 Combien le stère a-t-il de multiples?
166 Quel est le multiple de l'are , du stère?
167 Quelle est l'unité qui n'a point de multiple et
qui n'a que deux sous-multiples?
168 Quelle est l'unité qui n'a qu'un seul sous-multiple ?
169 Quelles sont les unités qui ont trois sous-multiples, deux sous-multiples , un sous-multiple?

Des mesures usuelles , page 23.

170 Quelles sont , outre le mètre et ses sous-multiples , les mesures usuelles de longueur?
171 Quelles sont les mesures usuelles de capacité
pour les matières sèches?

172 Quelles sont les mesures de capacité pour les matières liquides ?
173 Quels sont les poids usuels en fer ?
174 Quels sont les poids usuels en cuivre ?
175 Quels sont les instruments de pesage ?
176 Quels sont les instruments de mesurage pour les bois de chauffage ?

Questions et problèmes combinés. — Mesures de longueur.

177 A quoi servent le myriamètre et le kilomètre ?
178 Réduire 767 myriamètres en mètres, 507 kilomètres en mètres ?
179 Réduire 6789456 mètres en myriamètres, en kilomètres et en décamètres ?
180 Combien y a-t-il de mètres dans 654378910 millimètres ? — Dans le même nombre de centimètres ?
181 Exprimez en myriamètres, en kilomètres et en mètres 600785678 décimètres, le même nombre en centimètres et en millimètres ?
182 Combien de zéros faut-il ajouter au myriamètre pour avoir des kilomètres, des hectomètres, des décamètres, des mètres, des décimètres, des centimètres, des millimètres ?
183 Quelles sont les mesures itinéraires pour les grandes distances, pour les petites distances ?
184 Quelles unités métriques représentent les chiffres des plaques qui indiquent la distance d'une commune à une autre ? (1)
185 Sachant que la distance d'une commune à une autre est de 7 kilomètres 67 ; la distance de celle-ci à une troisième de 8 kilomètres 25 ; la distance de cette troisième à une quatrième de 6 kilomètres 09, quelle est la distance de

---

(1) Les chiffres à gauche de la virgule représentent des kilomètres ; ceux à droite de la virgule, des décamètres.

la première commune à la quatrième, en passant par la deuxième et la troisième commune?

186 Faire la somme de 75674 mètres 65 centimètres, de 687 mèt. 7 millimètres, de 6764 mètres 37 millimètres, de 17 mèt. 7 décimètres, de 87 mètres 715 millimètres, de 97 m. 675, de 679 m. 007, de 13 m. 7, de 6776 m. 075, de 9 m. 024, et de 679 mètres?

187 Exprimez en chiffres sept myriamètres, quatre hectomètres, neuf mètres, quatre-vingts millimètres; plus vingt-sept kilomètres, douze mètres, soixante centimètres; plus vingt-sept myriam., sept mètres, vingt-neuf millimètres; plus nonante-deux kilom., deux décamèt., septante-sept centimètres, et faites la somme ou total de ces quatre nombres?

188 D'une longueur de 787 myriamètres, 3 hectomètres, 7 décimètres, on a supprimé 99 myriam. 687 millimètres, combien en reste-t-il?

189 Si de 79 myriamètres 7 mètres on retranchait 45678943 millimètres, que resterait-il?

190 Exprimez en mesures itinéraires 7654648967 mètres?

191 Exprimez en mètres 767 myriamètres, 7 hectomètres, 3 décamètres?

192 Faire la somme de 7678947 millimètres, de 6794256 centimètres, de 45946 centimètres, de 94567 décimètres, de 94596 mètres, de 7467 kilomètres et de 7674 hectomètres?

193 Sachant qu'une pièce d'or de 40 fr. a 26 millimètres de diamètre, qu'une pièce d'or de 20 fr. a 21 mill. de diamètre, on demande quelle longueur on obtiendrait, en alignant 11 pièces de 40 fr. et à leur suite 34 pièces de 20 fr.?

Mesures des surfaces.

194 Sachant que l'hectare égale 100 ares, et l'are

100. centiares, réduire en hectares et en ares : 785676 centiares, plus 67494600 centiares, plus 746 centiares?

195 Sachant que le mètre carré et le centiare sont des unités égales, changez en centiares 6786780 mètres carrés, le même nombre de décimètres carrés, le même nombre de centimètres carrés?

196 Combien un hectare vaut-il de mètres carrés, de décimètres carrés, de centimètres carrés, de millimètres carrés? — Combien un are vaut-il de ces mêmes unités.

197 Faire la somme de trente-cinq hectares, neuf ares, trente-huit centiares; de trente-sept hectares, treize centiares; de nonante hect. soixante ares; de cinquante centiares; de quatre-vingt-neuf hect., quarante ares, septante-huit centiares?

198 Quel est le total de 87 mètres carrés, 7 décimètres carrés, 99 mill. c.; de 69 m. c. 62 cent. c. 1 milli. c.; de 37 m. c. 9 déc. c. 4 c. c.; de 9 m. c. 99 déc. c. 4 mill. c., et de 98 déci. c. 5 milli. carrés; exprimez ce total en toutes lettres?

199 Un terrain ayant 767696 mètres carrés et 89 décimètres carrés, exprimez sa superficie en hectares, ares et centiares?

200 L'hectare coûtant 3680 francs, combien coûte l'are, le centiare?

201 L'are coûtant 40 francs, combien coûte un hectare, un centiare?

202 Le centiare coûtant 40 centimes, combien un are, un centiare?

203 A 4640 francs l'hectomètre carré, combien un décamètre carré, un mètre carré, un kilomètre carré, un myriamètre carré?

204 A 36 francs le décamètre carré, combien l'are, l'hectare, le centiare, l'hectomètre carré, le mètre carré?

Mesures des volumes.

205 Sachant que le mètre cube se divise en 1000 décimètres cubes, que le décimètre cube se divise en 1000 centimètres cubes, que le centimètre cube se divise en 1000 millimètres cubes, exprimez 29 mètres cubes en décimètres cubes, en centimètres cubes, en millimètres cubes?

206 Réduire 678 décimètres cubes en centimètres cubes, en millimètres cubes?

207 Combien y a-t-il de mètres cubes dans 6789459 décimètres cubes, dans le même nombre de centimètres cubes?

208 Combien y a-t-il de mètres cubes dans 967890467967 millimètres cubes, dans le même nombre de centimètres cubes, dans le même nombre de décimètres cubes?

209 Combien le mètre cube vaut-il de décimètres cubes, de centimètres cubes, de millimètres cubes?

210 Le prix du mètre cube étant 1000 francs, combien un décimètre cube, un centimètre cube?

211 On demande de faire la somme de : 1.º 8 mètres cubes, 87 décimètres cubes, 999 millimètres cubes ; 2.º de 2 mèt. c. 694 décimèt. cubes 999 cent. c. 4 milli. cubes ; 3.º de 9 mètres cubes 5 décimèt. c. 48 cent. c. 3 milli. c. ; 4.º de 3 mètres cubes 9 cent. c. 539 milli. c. ; 5.º de 87 décimètres cubes 67 cent. c. 5 mill. cubes ; 6.º de 8 mètres cubes 936 millimètres cubes ?

212 Le décimètre cube coûtant 5 francs, combien un mètre cube, 32 mètres cubes, 49 mètres cubes?

213 Si d'un mètre cube, on ôtait 999 décimètres cubes, que resterait-il?

214 Le centimètre cube étant estimé 1 centime, combien doit l'être un décimètre cube de la même marchandise?

215 Quel est le volume total de trois blocs de marbre dont l'un est 916 décimètres cubes, 85 cent. c. et 69 décimèt. cubes; l'autre 805 déci c., 49 cent. c., et 3 milli. cubes; l'autre de 85 déci. cubes, 985 milli. cubes?

216 Le volume d'un arbre est de 1 mètre cube 775 décimètres cubes; celui d'un autre arbre de 4 mètres cubes, quelle est la différence de volume entre ces deux arbres?

217 Sachant que le stère se divise en 10 décistères, le décistère en 10 centistères, le centistère en 10 millistères, quel est le prix d'un stère, quand le décistère coûte 3 francs, le centistère 67 centimes et le millistère 4 centimes?

218 Réduire 4 stères 9 décistères 3 centistères et 7 millistères en mètres cubes et décimales du mètre cube?

219 Le mètre cube valant 100 francs, combien vaut le stère, le décistère, le centistère, le millistère?

220 Réduire en stères et sous-multiples de stère 8 mètres cubes 679 décimètres cubes?

221 Le décistère valant 10 francs, combien vaut le décimètre cube?

222 Le millistère valant un décime, combien vaut un décimètre cube, 1000 centimètres cubes, un décistère, un mètre cube, et un stère?

223 Si d'un stère on retranchait 999 décimètres cubes, qu'en resterait-il?

Mesures de capacité

224 Si un mètre cube d'eau distillée à son maximum de densité coûtait 1 franc, combien coûterait un kilolitre de cette eau, un hectolitre, un litre?

225 Combien 876 litres d'eau font-ils de décimètres cubes de cette même eau?

226 Réduire en kilolitres, en litres et en sous-multiples de litre , 37 mètres cubes , 767 décimètres cubes et 96 centimètres cubes de liquide?

227 Combien de litres de vin mettrait-on dans une caisse dont le creux est exactement un mètre cube , combien d'hectolitres du même vin?

228 L'hectolitre de grain coûtant 25 francs , combien un décalitre , un litre?

229 Le litre d'huile valant 1 franc 40 centimes , combien un décalitre, un hectolitre, un décilitre?

230 Quelles sont les unités équivalentes au litre?

231 Faire la somme de 72 hectolitres , 45 litres, 47 centilitres ; plus de 645 litres , 7 décilitres, 7 millilitres; plus de 3 kilolitres, 20 litres, 85 centilitres ; plus de 96796 millilitres ; plus de 8769 litres , 2 millilitres ; plus de 3 hectolitres , 8 litres , 2 centilitres?

232 Réduire en litres 37 kilolitres , 67 décalitres , 7675 millilitres?

233 Réduire 67946 centilitres en litres , puis en décalitres , puis en hectolitres ?

Poids et monnaies.

234 Qu'est-ce que le kilogramme. — Quelle quantité d'eau pure et froide faudrait-il pour égaler son poids.

235 Exprimez en grammes 67 kilogrammes , 29 hectogrammes , 47 décagrammes.

236 Combien y a-t-il de kilogrammes et de grammes dans 6794675490 milligrammes.

237 Quelle est la somme ou total des nombres suivants : 746 kilogr. 72 grammes 82 milligrammes ; plus 87 kilo. 345 grammes 3 centigrammes ; plus 679476 grammes; plus 6794677 milligrammes ; plus 767 décagrammes ; plus 946 kilogrammes ; plus 6799 centigrammes.

238 Le kilogramme valant 100 francs , combien vaut un hectogramme, un décagramme, un gramme?

239 Le gramme valant 5 francs , combien un décigramme, un centigramme, un milligramme?

240 Le milligramme valant un centime, combien un
centig., un décig., un gramme, un décagramme, un hectog., un kilog., un myriagramme ?

241 Si de 9 kilogrammes on ôte 787 grammes et 687
milligrammes, combien restera-t-il ?

242 Sur 7859 kilogrammes de savon qu'un fabricant
devait fournir, il n'en a fourni que 6989 kilog.
627 grammes et 39 milligrammes, combien
doit-il encore en fournir ?

243 Si une caisse de savon fesait équilibre à 97 litres
8 délicitres et 3 centilitres d'eau distillée et
à sa plus grande densité, combien pèserait
cette caisse ?

244 Quels poids pourraient remplacer le litre, le
décalitre, l'hectolitre, le décilitre, le centilitre, le millilitre d'eau pure et froide ?

245 Quelle quantité d'eau faudrait-il pour faire équilibre aux poids usuels suivants : au double-
kilogramme, au kilogramme, au demi-kilogramme ; au double-hectogramme, à l'hectogramme, au demi-hectogramme ; au double-
décagramme, au décagramme, au demi-décagramme ; au double-gramme, au gramme ?

246 Un débiteur devait 57945 fr. 16 centimes ; il a
successivement payé 15767 fr. 8 centimes ;
13994 fr. 4 décimes ; 9674 fr. 99 centimes ;
et 6249 fr. 5 centimes : combien redoit-il ?

Récapitulation.

247 Un chef d'atelier occupe 80 ouvriers : à 10
d'entr'eux il paie 3 francs par jour ; à 25
autres, 2 fr. 25 par jour ; à 30 autres, 1 fr.
50 centimes par jour ; et au reste, 75 centimes
par jour : on demande combien il faut à cet
artisan par semaine pour les payer touts, en
supposant qu'ils chôment le dimanche ?

248 Un particulier achète à une vente publique 67

hectares 9 ares 6 centiares de terre, à raison
de 3680 francs l'hectare, combien doit il payer,
si au prix principal il faut qu'il ajoute 10
centimes du franc de ce prix principal, plus
un décime du cent pris sur le principal joint
à l'accessoire?

249 Un voyageur reçoit 50 centimes par kilomètre,
combien lui est-il dû pour 18 myriamètres et
7869 mètres ?

250 Combien faudra-t-il payer pour 87 ares 68 centiares, si un hectare vaut 4000 francs?

251 A 12 francs 75 centimes le cent de fagots, combien faut-il payer pour 7687 fagots ?

252 Quel intérêt faudrait-il payer pour 6794 francs
à raison de 5 pour cent, de 6 p. 0|0 ?

253 Cent francs donnant 5 francs ou 6 francs d'intérêt, combien doit donner un franc au même
taux ?

254 A raison de 10 centimes du franc, combien pour
10 centimes au même taux ?

255 On demande la superficie d'un rectangle ou carré
long, qui a 115 mèt. 7 décimètres de long
sur 34 mètres 9 centimètres de large? Exprimer cette superficie en ares et en centiares.
Nota. La superficie d'un rectangle est le produit de sa longueur par sa largeur ou hauteur.

256 Combien faudrait-il payer pour 6774 mètres
carrés, si l'hectare coûtait 2500 francs ?

257 A 36 francs l'are, combien 786 hectares 39
centiares ?

258 D'une ferme qui se composait de 96 hectares
89 centiares, on a retranché : 1.° une pièce
de 36 hectares 9 ares 45 centiares ; 2.° une
autre de 9 hectares 72 ares 48 centiares ; 3.°
une autre de 3 hectares 5 ares 5 centiares ;
4.° une autre de 97 ares 3 centiares , de combien d'hectares, d'ares et de centiares se compose encore cette ferme ? — A combien se

monte son rendage annuel, si elle est louée
à raison de 65 francs 75 centimes l'hectare?

259 L'hectare coûtant 65 fr. 75 centimes de rendage
ou loyer, combien faudrait-il payer pour 75
centiares au même prix; pour 69 centiares,
pour 67 ares 3 centiares?

260 Un arrondissement se compose de six cantons:
le 1.er contient 9 myriamètres carrés, 6 kilomètres carrés et 8677 mètres carrés; le 2.e
contient 8 myriamètres, 8 hectomètres et 9472
mètres carrés; le 3.e 7 myriamètres, 99 kilomètres, 27 décamètres carrés; le 4.e 7 myriamètres, 47 décamètres et 5 mètres carrés;
le 5.e 7 myriamètres, 77 mètres carrés; le 6.e
6 myriamètres, 9 kilom., 13 hectom., 67
mètres carrés : quelle est la superficie totale
de cet arrondissement?

261 Quelle est la différence entre 1 mètre carré et
677658 millimètres carrés?

262 Sachant que le stère de bois coûte 15 francs 45
centimes, combien faudrait-il payer pour 8 décistères et 7 centistères du même bois et au
même prix?

263 Combien de stères y a-t-il dans 7679 décimètres
cubes?

264 A 18 francs le mètre cube, combien pour 1 décimètre cube?

265 A raison de 16 francs 80 centimes le mètre cube,
combien pour 876 décimètres cubes et 87 centimètres cubes?

266 Combien de mètres cubes y a-t-il dans 18 stères
9 décistères et 4 millistères?

267 Quel est le produit de 185 mètres 64 centimètres
par 88 mètres 6 centimètres?

268 Quel est le produit de 89 centimètres par 65
centimètres?

269 Quel est le volume d'une poutre longue de 6
mètres 25 centimètres sur un équarrissage de
2 décimètres 6 centimètres? — *Nota.* On mul-

tiplie d'abord 2 décimètres 6 centimètres par
2 décimètres 6 centimètres; ensuite on mul-
tiplie leur produit par la longueur de la poutre;
ce deuxième produit est le volume de la poutre.

270 Combien faudra t-il payer de 17 poutres ayant
7 mètres 8 centimètres de longueur sur 1 décimètre d'équarrissage, à raison de 21 francs
le mètre cube?

271 Combien faudra t-il de carreaux ayant 1 décimètre 6 centimètres de côté pour paver une
place qui a 7 mètres 8 centimètres de longueur sur 6 mètres 3 décimètres de largeur?

272 Combien faut-il de briques ayant 2 décimètres
16 millimètres de long sur 1 déc. 8 milli. de
large et 54 millimètres d'épaisseur pour un
mètre cube?

273 Le quintal métrique étant de 100 kilogrammes,
combien de fois 768 grammes sont-ils contenus dans un quintal?

274 Quel est le quotient de 67 kilogrammes divisés
par 67 grammes, par 672 décigrammes, par
3 kilog. 38 grammes, par 39 hectogrammes?

275 Sachant qu'il faut 1 mètre 68 centimètres de drap
pour faire un habit, combien d'habits fera-
t-on de 34 mètres du même drap?

276 Combien de fois 672 centimètres cubes sont-ils
contenus dans un mètre cube?

277 Combien de pièces de 1 fr. 50 centimes faudrait-
il pour un paiement de 85 francs?

278 Combien de pièces de 75 centimes faudrait-il
faire pour un paiement de 100 francs?

279 On veut planchéier un salon ayant 5 mètres 34
centimètres de longueur sur 4 m. 78 de largeur, on demande combien il faudra de plan-
ches de 2 m. 17 de longueur sur 2 décimètres
6 centimètres de largeur?

280 Combien coûtera un plafond de 7 mètres 86 centimètres de long sur 6 m. 12 de large, à
raison de 4 francs 8 centimes le mètre carré?

281 Combien faudra-t-il de mètres de toile pour
     faire 1500 chemises, si l'on emploie 1 mètre
     755 millimètres pour une chemise ?
282 Combien de bouteilles de la contenance de 775
     millilitres faudrait-il pour tirer une pièce de
     vin de 200 litres ?
283 Une rame de papier coûtant 5 francs, combien
     coûte une feuille ? La rame de papier est or-
     dinairement de 20 mains de 25 feuilles.
284 Le cube intérieur d'un bateau étant de 72 mètres
     cubes, on demande combien il peut contenir
     d'hectolitres de grain ou de charbon ?
285 A 4500 francs l'hectare, combien l'are, le cen-
     tiare ? — Combien 78 ares 86 centiares ?
286 Le charbon valant 3 fr. 15 c. l'hectolitre, combien
     faudrait il payer pour 12 hect. 50 litres ?
287 A 85 centimes le litre de vin, combien 45 litres
     3 décilitres ; — 67 litres 65 centilitres ; — 1
     hectolitre ; — 1 décalitre ; — 1 décilitre ?
288 Le vin coûtant 75 centimes le litre, combien en
     aurait-on pour 760 francs ?
289 On veut distribuer aux pauvres une somme de
     3000 francs, en donnant à chacun 3 francs
     45 centimes, à combien de pauvres fera-t-on
     l'aumône ?
290 Le mille de plumes coûtant 15 fr., à combien
     revient la plume ?
291 On emploie 4 mètres 76 centimètres d'étoffe
     pour faire un manteau, combien de manteaux
     fera-t-on de 35 mètres de la même étoffe ?
292 Un ouvrier maçon fait 2 mètres 68 décimètres
     cubes de maçonnerie par jour, combien lui
     faudra-t-il de temps pour construire une mu-
     raille où il doit entrer 87 mètres cubes de
     maçonnerie ?

TABLES DE CONVERSIONS

DES MESURES ANCIENNES EN NOUVELLES.

Pour faire usage des tables suivantes, il faut avoir l'attention d'avancer la virgule vers la droite ou de la reculer vers la gauche, d'un rang, de deux rangs, etc., suivant qu'on voudra avoir une valeur 10 fois, 100 fois, etc., plus grande ou plus petite que celle qui correspondra à l'un des chiffres de la colonne N. Sachant, par exemple, que la lieue commune correspond à 0 myriamètre 4444, on veut savoir la valeur de 10 lieues, on avance la virgule d'un rang vers la droite, et l'on trouve 4 myriamètres 444.

En fesant usage des tables, il n'est pas nécessaire de prendre toutes les décimales que l'on trouvera dans les colonnes, mais seulement celles qui doivent donner une approximation suffisante.

Il est à remarquer que la dernière décimale, où s'arrête l'approximation, exprime tantôt moins, tantôt plus que l'exactitude ; mais que de l'exactitude à l'approximation, la différence n'est jamais une demi-unité de la dernière décimale.

MESURES DE LONGUEUR. → TABLE I.

Lieues en myriamètres.

N.	LIEUES DE POSTE.	LIEUES COMMUNES.	LIEUES MOYENNES.	LIEUES MARINES.
1	0,3898	0,4444	0,4000	0,5556
2	0,7796	0,8889	0,8000	1,1111
3	1,1694	1,3333	1,2000	1,6667
4	1,5592	1,7778	1,6000	2,2222
5	1,9490	2,2222	2,0000	2,7778
6	2,3388	2,6667	2,4000	3,3333
7	2,7287	3,1111	2,8000	3,8889
8	3,1185	3,5556	3,2000	4,4444
9	3,5083	4,0000	3,6000	5,0000

INSTRUCTION. Les chiffres de la colonne N. représentent, soit des lieues de poste, soit des lieues communes, etc. Dans les autres colonnes, les chiffres à gauche de la virgule expriment des myriamètres; les chiffres à droite de la virgule représentent successivement des kilomètres, des hectomètres, des décamètres et des mètres.

APPLICATIONS. Réduire 57 lieues de poste en myriamètres : cherchez dans la colonne N. le chiffre 5, vous trouverez pour valeur correspondante 1,9490 ; mais comme c'est 50 lieues, et non 5 lieues, qu'il s'agit de réduire, vous avancerez la virgule d'un rang vers la droite,

Et vous aurez, pour 50 lieues 19,490
pour 7 — 2,7287

____

Ensemble. . . . 22,2187

c'est-à-dire 22 myriamètres 2 kilomètres 1 hectomètres 8 décamètres 7 mètres , pour la valeur correspondante de 57 lieues de poste.

— Réduire 164 lieues communes en myriamètres:
prenez le chiffre 1 de la colonne N. , avancez la virgule de deux rangs ,

       Et vous aurez pour 100 lieues. 44,44
                       pour 60   —   26,667
                       pour   4   —   1,7778
                                                  ─────────
                       Ensemble. 72,8848

C'est-à-dire 72 myriamètres , et près de 9 kilomètres.

— Réduire 83 lieues marines en myriamètres :
       80 lieues égalent. 44,444
        3   —   égalent. 1,6667
                                            ─────────
                       Ensemble. . . 46,1107

C'est-à-dire 46 myriamètres , 1 kilomètre , 1 hectomètre et 7 mètres.

Par cette même table , on trouvera que si le myriamètre vaut 1 franc , la lieue de poste vaudra
38 centimes ou plus exactement 39 centimes ; la
lieue commune, 44 centimes ; la lieue moyenne ,
40 centimes ; la lieue marine , 56 centimes.

Il est facile de trouver de même le prix compa-
ratif de 2, de 3, etc. myriamètres.

MESURES DE LONGUEUR. — TABLE 11.

Toises, pieds, pouces, lignes en mètres.

N.	TOISES.	PIEDS.	POUCES.	LIGNES.
1	1,9490	0,3248	0,0271	0,00226
2	3,8981	0,6497	0,0541	0,00451
3	5,8471	0,9745	0,0812	0,00677
4	7,7961	1,2994	0,1083	0,00902
5	9,7452	1,6242	0,1353	0,01128
6	11,6942	1,9491	0,1624	0,01354
7	13,6433	2,2739	0,1895	0,01579
8	15,5923	2,5987	0,2166	0,01805
9	17,5413	2,9236	0,2436	0,02030

INSTRUCTION. Les chiffres à gauche de la virgule représentent des mètres ; les chiffres à droite expriment successivement des décimètres, des centimètres, des millimètres, etc.

APPLICATIONS. Réduire 61 toises en mètres : en avançant d'un rang la virgule de la valeur correspondante au chiffre 6,

On aura, pour 60 toises 116,942
pour 1 — 1,949

Ensemble. 118,891

c'est-à-dire 118 mètres, 8 décimètres, 9 centimètres, 1 millimètre.

— Réduire 425 toises 4 pieds 11 pouces 10 lignes en mètres : on cherche dans la colonne N. la valeur correspondante au chiffre 4 (4 toises) ; on avance la virgule de deux rangs vers la droite, et l'on trouve

Pour 400 toises 779,61
    20 — 38,981
     5 — 9,7452
     4 pieds 1,2994
   10 pouces 0,271
    1 — 0,0271
   10 lignes 0,0226

               TOTAL. 829,9563

C'est-à-dire 829 mètres, 9 décimètres, 5 centimètres, 6 millimètres, 3 dimillimètres.

— Convertir 6 toises, 4 pieds, 9 pouces en mètres:

Pour 6 toises 11,6942
    4 pieds 1,2994
    9 pouces 0,2436

             Ensemble. . . . 13,2372

C'est-à-dire que 13 mètres 237 millimètres égalent 6 toises, 4 pieds, 9 pouces.

Par la table II on peut savoir que si le mètre coûte 1 fr., la toise coûtera 1 fr. 95 cent. à moins d'un dixième de centime près ; que si le mètre coûte 2 fr., la toise coûtera 3 fr. 90 cent. ; etc.

MESURES DE LONGUEUR. — TABLE III.

Aunes en mètres.

N.	AUNES DE PARIS ou grandes aunes	FRACTIONS de L'AUNE DE PARIS.		PETITES AUNES de 27 pouces	PETITES AUNES de 26 pouces
1	1,18845	1|2	0,59422	0,73089	0,70382
2	2,37689	1|4	0,29711	1,46178	1,40764
3	3,56534	1|8	0,14856	2,19267	2,11146
4	4,75378	1|16	0,07428	2,92356	2,81528
5	5,94223	1|32	0,03744	3,65445	3,54910
6	7,13068			4,38534	4,22292
7	8,31912			5,11623	4,92674
8	9,50756			5,84712	5,63056
9	10,69601			6,57804	6,33438

INSTRUCTION. La grande aune était employée dans le mesurage des étoffes et de quelques autres tissus ; on se servait de l'aune de 27 pouces pour mesurer la toile à la halle, et de l'aune de 26 pouces pour détailler dans les boutiques.

Depuis déjà bien des années , l'aune dite de France , est égale à 12 décimètres.

APPLICATIONS. Convertir 157 grandes aunes en mètres : pour une aune on trouve 1 mètre 18845 ; mais comme c'est une valeur 100 fois plus grande que l'on cherche, on avance la virgule de deux rangs,

Et l'on a, pour 100 aunes. . . . . 118,845 pour 5 aunes, on trouve 5,94223 ; pour 50 aunes on avance la virgule d'un rang, et l'on a. 59,4223 et pour 7 aunes. 8,3191

Ensemble. 186,3864

Ainsi, 157 grandes aunes valent 186 mètres et un peu moins de 39 centimètres.

— Réduire en mètres 7 grandes aunes, plus 1|2, plus 1|4, plus 1|8 :

Pour 7 aunes, on a. 8,31912
Pour 1|2 — 0,59422
Pour 1|4 — 0,29711
Pour 1|8 — 0,14856

TOTAL. 9,35901

C'est-à-dire 9 mètres 359 millimètres, pour 7 grandes aunes, plus 1|2, plus 1|4, plus 1|8.

On voit par la table III que si le mètre vaut 1 fr., l'aune vaut 1 fr. 19 c. en forçant la 2.ᵉ décimale ; que si le mètre coûte 2 fr., l'aune coûte 2 fr. 38 c. ; ainsi des autres.

MESURES DE SUPERFICIE. — Table IV.

Toises, pieds et pouces carrés en mètres carrés.

N.	TOISES CARRÉES.	PIEDS CARRÉS.	POUCES CARRÉS.
1	3,79874	0,10552	0,0007328
2	7,59749	0,21104	0,0014656
3	11,39623	0,31656	0,0021983
4	15,19497	0,42208	0,0029311
5	18,99372	0,52760	0,0036639
6	22,79246	0,63312	0,0043967
7	26,59120	0,73864	0,0051295
8	30,38995	0,84417	0,0058623
9	34,18869	0,94969	0,0065950

INSTRUCTION. En parlant du mètre carré, nous avons dit qu'il se divise en 100 décimètres carrés ; que le décimètre carré se divise en 100 centimètres carrés, etc. ; et que, par conséquent, les unités immédiatement inférieures ne sont que les centièmes d'une unité supérieure immédiate. Il faudra donc prendre les deux premières décimales après la virgule, pour des décimètres carrés ; les deux suivantes pour des centimètres carrés ; les deux autres ensuite pour des millimètres carrés. — Quand les décimales sont impaires, il faut, dans l'énonciation, ajouter un zéro à la dernière : par exemple, pour énoncer la valeur de la toise en mètres, on dira : 3 mètres carrés, 79 décimètres carrés, 87 centimètres carrés, 40 millimètres carrés.

APPLICATIONS. Réduire 48 toises carrées, 35 pieds carrés, 143 pouces carrés en mètres carrés :

Pour 40 toises	. . . .	154,9497
8 —	. . . .	30,98995
30 pieds	. . . .	3,4656
5 —	. . . .	0,5276
100 pouces	. . . .	0,07328
40 —	. . . .	0,02931
3 —	. . . .	0,00220

$$\text{TOTAL} . . . . 186,13764$$

C'est-à-dire 186 m. c. 13 d. c. 76 c. c. et 40 mill. c.

— Convertir 105 toises carrées, 8 pieds carrés en mètres carrés :

100 toises égalent	. . . .	379,874
5 — égalent	. . . .	18,994
8 pieds égalent	. . . .	0,844

$$399,712$$

C'est-à-dire que 105 toises carrées et 8 pieds carrés égalent 399 mètres carrés et un peu plus de 71 décimètres carrés.

Le mètre carré valant 4 fr., la toise carrée vaudrait 3 fr. 80 cent., le pied carré, 11 cent. Si le mètre carré valait 9 fr.; la toise carrée vaudrait 34 fr. 11 cent.; le pied carré, 95 cent.

MESURES AGRAIRES. — Table V.

Arpents en Hectares.

N.	Arpents de 100 verges carrées, de 20 pieds 2 pouces de côté. (1)	Arpents ou mesures de 100 verges carrées de 20 pieds de 11 pouces (2)	Arpents ou mesures de 100 verges de 20 pieds de 12 pouces. (3)	Arpents de 300 verges de 14 pieds de 10 pouces.
1	0,42915	0,35467	0,42210	0,43080
2	0,85830	0,70934	0,84421	0,86160
3	1,28745	1,06401	1,26631	1,29240
4	1,71660	1,41868	1,68841	1,72321
5	2,14575	1,77335	2,11051	2,15401
6	2,57490	2,12802	2,53262	2,58481
7	3,00404	2,48269	2,95472	3,01561
8	3,43310	2,83735	3,37682	3,44642
9	3,86233	3,19203	3,79893	3,87722

INSTRUCTION. Les chiffres placés ayant la virgule représentent des hectares ; les deux chiffres immédiatement à droite, des ares ; les deux suivants, des centiares ; la 5.ᵉ décimale exprime des dixièmes de centiare ou des dixaines de décimètre carré.

(1) Ou de 22 pieds de 11 pouces. Cet arpent est celui d'Arras, Frévent, Fruges, Hesdin, Aubigny, Avesnes, Lens, Essart, Lillers, Busnes, St.-Pol, Boulogne, Guines et Loos.

(2) St.-Omer, Aire, Ardres, St.-Venant, La Couture, Laventie.

(3) Calais et Hardinghem.

Application. Réduire 83 arpents 47 verges de la
1.re case en hectares :

```
Pour 80 arpents on trouve. . . . . . 34,3310
      3     —        —       . . . . .  1,28745
     40 verges        —       . . . . .  0,17166
      7     —        —       . . . . .  0,03004
                                       ————————
                     Total. . . . 35,82015
```

C'est-à-dire 35 hectares, 82 ares, 1 centiare et 5
dixièmes de centiares.

Sachant que l'hectare vaut 3000 fr., quel est le
prix correspondant d'un arpent? — Cherchez le chiffre 3 de la colonne N., vous trouverez, en avançant
la virgule de 3 rangs, que l'arpent de la 1.re case
doit coûter 1287 fr. 45 c.; celui de la 2.e case,
1064 fr. 01 c.; celui de la 3.e case, 1266 fr. 31 c.;
et celui de la 4.e case, 1292 fr. 40 c.

L'are étant 100 fois plus petit que l'hectare, vaut
100 fois moins; ainsi l'hectare étant estimé 3000 fr.,
l'are vaudrait 30 fr., et le centiare, 30 centimes.

Si l'on avait besoin du rapport de la verge carrée,
il suffirait de reculer la virgule de deux rangs vers
la gauche, puisque la verge est le centième de l'arpent. Pour la verge de la 4.e case, il faudrait prendre
le tiers du rapport, puisqu'elle est la trois-centième
partie de l'arpent.

~~~~~~~

Nota. On trouvera, vers la fin, quelques autres rapports approximatifs concernant les mesures agraires, que la combinaison
des tableaux nous empêche de placer ici.
~~~~~~~

MESURES DE SOLIDITÉ. — TABLE VI.

Toises , Pieds et Pouces cubes en Mètres cubes.

N.	TOISES CUBES.	PIEDS CUBES.	POUCES CUBES.
1	7,403891	0,034277	0,000019836
2	14,807782	0,068555	0,000039672
3	22,211673	0,102832	0,000059508
4	29,615564	0,137109	0,000079344
5	37,019456	0,171386	0,000099180
6	44,423347	0,205664	0,000119016
7	51,827238	0,239941	0,000138852
8	59,231129	0,274218	0,000158687
9	66,635020	0,308495	0,000178523

INSTRUCTION. Les chiffres à gauche de la virgule représentent des mètres cubes ; les trois chiffres qui suivent expriment des décimètres cubes ; les trois après, des centimètres cubes; et enfin les trois derniers , des millimètres cubes.

Il est important de se rappeler qu'il faut 1000 décimètres cubes pour 1 mètre cube ; 1000 centimètres cubes pour 1 décimètre cube ; 1000 millimètres cubes pour 1 centimètre cube.

— Réduire 18 toises cubes , 76 pieds cubes de maçonnerie en mètres cubes et en fractions de mètre cube :

Pour 10 toises, on a	74,03891
8 — —	59,23113
70 pieds —	2,39941
6 — —	0,20566

Ensemble. . . 135,87511

C'est-à-dire 135 mètres cubes , 875 décimètres cubes et 110 centimètres cubes.

APPLICATIONS. Réduire 14 toises 215 pieds et 1727 pouces cubes en mètres cubes :

10 toises	. . . .	74,038910
4 —	. . . .	29,615564
200 pieds	. . . .	6,855500
10 —	. . . .	0,342770
5 —	. . . .	0,171386
1000 pouces	. . . .	0,019836
700 —	. . . .	0,013885
20 —	. . . .	0,000397
7 —	. . . .	0,000139

Ensemble. . . . 111,058387

C'est-à-dire 111 mètres cubes, 58 décimètres cubes, 387 centimètres cubes.

Il est à remarquer que, pour la facilité de l'opération, on peut ajouter à la droite d'une fraction décimale autant de zéros que l'on voudra, sans en changer la valeur : car la valeur relative d'un chiffre décimal dépend de la place qu'il occupe à l'égard de la virgule, et les zéros qu'on ajoute ne changent pas cette place. — Le mètre cube valant 1 fr., la toise cube vaudrait 7 fr. 40 c.; le pied cube près de 4 centimes.

Le mètre cube valant 5 fr., la toise cube vaudrait 37 fr. 2 centimes. — La solive étant égale à 3 pieds cubes, il sera facile, par la table VI, de réduire les solives en mètres cubes.

MESURES DE SOLIDITÉ. — Table VII.

Cordes ou sommes de bois en stères.

N.	ABRAS et AUBIGNY.	St.-Omer.	BOULOGNE et CALAIS.		Montreuil et Hesdin.
			Bois dur.	Bois tendre.	
1	2,43	3,45	0,32	0,36	3,23
2	4,86	6,90	0,64	0,72	6,46
3	7,29	10,35	0,96	1,08	9,69
4	9,72	13,80	1,28	1,44	12,92
5	12,15	17,25	1,60	1,80	16,15
6	14,58	20,70	1,92	2,15	19,38
7	17,01	24,15	2,23	2,51	22,61
8	19,44	27,60	2,55	2,87	25,84
9	21,87	31,05	2,87	3,23	29,08

INSTRUCTION. Les chiffres à gauche de la virgule représentent des stères ; les deux chiffres après la virgule expriment successivement des décistères et des centistères.

APPLICATION. Réduire 63 sommes de St.-Omer en stères :

Pour 60 sommes. 207
3 — 10,35
____
TOTAL. 217,35

C'est-à-dire 217 stères 35 centistères.

MESURES DE SOLIDITÉ. — Table VIII.

Cordes ou sommes en stères.

N.	BÉTHUNE.	BAPAUME.	LILLERS.	St.-POL. Demi-corde.	GUINES.
1	2,85	3,84	2,09	1,54	0,33
2	5,70	7,68	4,18	3,08	0,66
3	8,55	11,52	6,27	4,62	0,99
4	11,40	15,36	8,36	6,16	1,32
5	14,25	19,20	10,45	7,70	1,64
6	17,10	23,04	12,54	9,24	1,97
7	19,95	26,88	14,63	10,78	2,30
8	22,80	30,72	16,72	12,32	2,63
9	25,65	34,56	18,81	13,86	2,96

INSTRUCTION. Le mètre valant un fr., la corde de Béthune vaudrait 2 fr. 85 ; celle de Bapaume, 3 fr. 84 ; celle de Lillers, 2 fr. 09 ; celle de St.-Pol, 1 fr. 54 ; celle de Guînes, 0 fr. 33.

Le mètre valant 2 fr., la somme de Béthune vaudrait 5 fr. 70 ; celle de Bapaume 7 fr. 68 ; celle de Lillers, 4 fr. 18 ; celle de St.-Pol, 3 fr. 08 ; celle de Guînes, 0 fr. 66.

Mesures de capacité ou de contenance.

Les nouvelles mesures de capacité sont assez généralement connues pour nous dispenser de dresser des tables de comparaison entre ces mesures et les mesures anciennes ; nous donnerons seulement quelques rapports :

	Litres.	Centi.	
A Aire, Aubigny, Bapaume et Lens, le pot valait	2	10	
A Ardres, le pot valait	2	11	
A Arras, le pot valait	2	12	
— la pinte valait	0	53	
— la potée valait	0	13	
A Auxi, le pot valait	2	67	
A Avesnes, le pot valait	0	73	1/2
A Béthune et St.-Venant, le pot valait	2	14	
A Boulogne, le pot valait	1	94	
A Calais, le pot valait	1	93	
A Frévent, le pot valait	1	77	
A Fruges, le pot valait	2	26	
A Guînes et Hardinghem, le pot valait	1	90	
A Hesdin, le pot valait	2	05	
A Lillers, le pot valait	2	08	
A Montreuil, le pot valait	1	74	
A St.-Omer, le pot valait	2	11	
A St.-Pol, le pot valait	2	20	
A Arras, la rasière valait	86	30	
A Aire, la rasière valait	136	00	
A Aubigny, la rasière valait	93	50	

	Litres.	Centi.
A Auxi, la rasière valait.	54	00
A Avesnes, la rasière valait.	98	00
A Bapaume, la rasière valait.	85	00
A Béthune., la rasière valait. . . . ,	79	00
A Boulogne, le quartier valait. . . .	43	70
A Calais, le quartier valait.	44	40
A Carvin, la rasière valait.	70	30
A Frévent, le quartier valait.	46	20
A Fruges, la rasière valait.	63	00
A Lillers, la rasière valait.	81	48
A Montreuil, le quartier valait . . .	35	00
A St.-Omer, le quartier valait. . . .	33	40
— le biguet valait.	8	30
A St.-Pol, le quartier valait.	38	80

MESURES DE PESANTEUR. — TABLE IX.

Livres, onces, gros et grains en kilogrammes, sur la base de 0,4895058466 pour une livre poids de marc, en kilogramme.

N.	LIVRES.	ONCES.	GROS.	GRAINS.
1	0,48951	0,03059	0,003824	0,0000531148
2	0,97901	0,06119	0,007648	0,0001062296
3	1,46852	0,09178	0,011472	0,0001593444
4	1,95802	0,12238	0,015296	0,0002124591
5	2,44753	0,15297	0,019120	0,0002655739
6	2,93704	0,18356	0,022944	0,0003186887
7	3,42654	0,21416	0,026768	0,0003748035
8	3,91605	0,24475	0,030592	0,0004249183
9	4,40555	0,27535	0,034416	0,0004780331

INSTRUCTION. Les chiffres à gauche de la virgule expriment des kilogrammes ; les chiffres après la virgule représentent successivement des hectogrammes, des décagrammes, des grammes, des décigrammes, des centigrammes, des milligrammes ; les chiffres après les milligrammes représentent de même des dixièmes, des centièmes, des millièmes et des di-millièmes de milligramme.

MESURES DE PESANTEUR. — TABLE X.

Livres, Onces, Gros, Grains en kilogrammes, en hectogrammes, etc. — Comptes ronds.

N.	LIVRES en KILOGRAMMES.	ONCES en DÉCAGRAMMES.	GROS en GRAMMES.	GRAINS en CENTIGRAMMES
	kilo. gr.	déca. centi.	gr. centi.	centi. milli.
1	0,490	3,059	3,82	5,311
2	0,979	6,119	7,65	10,623
3	1,469	9,178	11,47	15,934
4	1,958	12,238	15,30	21,245
5	2,448	15,297	19,12	26,557
6	2,937	18,356	22,94	31,869
7	3,427	21,416	26,77	37,180
8	3,916	24,475	30,59	42,492
9	4,406	27,535	34,42	47,803

INSTRUCTION. On peut considérer la livre comme un demi-kilogramme ; l'once comme équivalant à 31 grammes ; le gros à 4 grammes ; le grain à 5 centigrammes ou un demi-décigramme.

Monnaies étrangères en francs.

ANGLETERRE.

		fr.	c.	
Or.	Guinée de 21 schellings (1) . .	26	47	
Argent.	Crown ou couronne de 5 schel.	6	16	
	Dollar	5	22	
	Schelling , 12 pences	1	23	60

HOLLANDE.

		fr.	c.
Or.	Rider	31	65
	Ducat . . . . :	11	93
	Guillaume.	20	80
Argent.	Florin . . . . :	2	16
	Pièce de 25 centimes	0	52

BELGIQUE.

		fr.	c.	
Or.	Pièce de 20 livres , de 1832 .	20	00	
Argent.	Florin de 20 sous.	2	15	94
	Escalin, ou pièce de 6 sous. .	0	64	
	Ducaton ou ryder	6	85	
	Ducat ou risdale.	5	48	

PRUSSE.

		fr.	c.	
Or.	Frédéric.	20	80	
Argent.	Risdale ou thaler	3	71	63

AUTRICHE ET BOHÊME.

		fr.	c.	
Or.	Ducat de l'empereur	11	86	
	Ducat de Hongrie.	11	90	
	Souverain	17	58	
	Maximilien.	6	95	
Argent.	Couronne.	5	60	
	Florin	2	59	75

---

(1) Il est entendu que ces monnaies ont le titre et le poids exigés par les lois de chaque État.

DANEMARCK ET HOLSTEIN.

		fr.	c.
Or.	Chrétien, 1793, réduit	20	80
Argent.	Risdale	5	55

HAMBOURG.

		fr.	c.
Or.	Ducat ad legem imperii. . . .	11	86
	Ducat nouveau	11	76
Argent.	Marc.	1	53
	Risdale.	5	78

RUSSIE.

		fr.	c.
Or.	Ducat de 1755	11	79
	Ducat de 1763	11	59
	Impériale de 10 roubles, 1755 .	52	38
	Impériale de 10 roubles, 1763 .	41	29
Argent.	Rouble de 100 capecks, 1750 .	4	61
	Rouble de 1763	4	00

TURQUIE.

		fr.	c.
Or.	Sequin Zermahboud	7	30
Argent.	Pièce de 10 paras.	1	40

SUISSE.

		fr.	c.
Or.	Pièce de 32 francs.	47	63
	Ducat de Zurich.	11	77
	Ducat de Berne	11	64
	Pistole de Berne.	23	76
Argent.	Pièce de 4 batzen.	5	90

ESPAGNE.

		fr.	c.
Or.	Pistole.	20	38
Argent.	Piastre.	5	45

PORTUGAL.

		fr.	c.
Or.	Portugaise.	45	27
Argent.	Cruzade neuve.	2	94

ÉTATS-UNIS D'AMÉRIQUE.

		fr.	c.
Or.	Double-aigle de 10 dollars	55	21
	Quadruple	81	00
Argent.	Dollar	5	42

ÉTATS DIVERS.

	fr.	c.
Séquin de Toscane , *or.*	12	12
Pistole de Toscane , *or.*	21	00
Franc de Toscane , *argent* . . .	0	83
Pistole neuve des Etats romains, *or*	17	27
Once de Sicile	13	73
Once nouveau de 3 ducats	12	99
Ecu romain neuf, *argent.*	5	38
Ducat de Parme	5	18
Pistole de Milan , *or.*	10	65
Ecu de Milan , *argent*	4	53
Ducat de Suède , *or*	11	70
Risdale de Suède , *argent* . . .	5	75
Séquin de Venise, *or.*	11	86
Petit écu d'*or.*	5	34
Souverain de Parme , *or*	25	20

Mesures itinéraires étrangères en myriamètres.

	m.
Le mille d'Italie	0,185
L'agach de Turquie.	0,505
Le mille d'Angleterre.	0,160
Le mille d'Allemagne.	0,744
Le mille de Suède	1,058
Le mille de Hongrie.	1,111
La werste de Russie.	0,107
Le starsang de Perse.	0,585
Le coss ou lieue indienne	0,265
Le li chinois.	0,0444

Les chiffres à gauche de la virgule expriment des
myriamètres, les chiffres après la virgule représentent successivement des kilomètres, des hectomètres,
des décamètres et des mètres.

Autres rapports approximatifs dans les mesures agraires.

L'arpent de 125 verges de 22 pieds de 11 pouces vaut . . . . 0 h.^re, 5364.

La verge vaut un peu moins de . . 43 centiares.

La mesure de 400 vergelles de 10 pieds de 11 pouces vaut . . . . 0 h.^re, 3546.

La vergelle vaut un peu moins de . 9 centiares.

La mesure de 450 vergelles de 10 pieds de 11 pouces vaut . . . . 0 h.^re, 3990.

La vergelle vaut un peu moins de 9 centiares.

La mesure de 127 verges et demie de 20 pieds de 11 pouces vaut. . . . 0 h.^re, 4522.

La verge vaut. . . . . 35 c^res 6,10.^es

La mesure de 444 vergelles de 10 pieds de 11 pouces vaut . . . . 0 h.^re, 3937.

La vergelle vaut environ . . . . . . 9 centiares.

La mesure de 112 verges et demie de 20 pieds de 11 pouces vaut. . . . 0 h.^re, 4828.

La verge vaut . . . . 43 centiares.

La mesure de 500 vergelles de 10 pieds de 11 pouces vaut . . . . 0 h.^re, 4433.

La vergelle vaut environ . . . . . . 9 centiares.

~~~~~~~

Errata.

Page 12 ligne 3, lisez *litre* entre *stère et gramme* ;
Page 31 ligne 9, lisez *décimètres* au lieu de *centimètres*;
Page 40 ligne 32, lisez *hectare* au lieu de *centiare* ;
Page 42 ligne 3, lisez *millimèt.* au lieu de *décimèt.*

~~~~~~~

[illegible]

[illegible] ...... 0 centimes.
[illegible] ...... 0 [illegible]
[illegible] ...... 0 [illegible]
[illegible] ...... 0 [illegible]
[illegible] ...... 0 centimes.
[illegible] ...... 0 [illegible]
[illegible] ...... 0 [illegible]
[illegible] ...... 0 centimes.
[illegible] ...... 0 [illegible]
[illegible] ...... 0 centimes.
[illegible] ...... 0 [illegible]
[illegible] ...... 0 [illegible]
[illegible] ...... 0 [illegible]
[illegible]

www.ingramcontent.com/pod-product-compliance
Ingram Content Group UK Ltd.
Pitfield, Milton Keynes, MK11 3LW, UK
UKHW020030100726
13658UKWH00003B/1230